Bibliografische Information der Deutschen Nationalbibliothek:

Die Deutsche Bibliothek verzeichnet diese Publikation in der Deutschen National-
bibliografie; detaillierte bibliografische Daten sind im Internet über http://dnb.d-
nb.de/ abrufbar.

Impressum:

Copyright © 2009 GRIN Verlag, Open Publishing GmbH
Druck und Bindung: Books on Demand GmbH, Norderstedt Germany
ISBN: 9783656441458

Dieses Buch bei GRIN:

http://www.grin.com/de/e-book/139076/fortschrittsspektren-in-lokalen-suchalgo-
rithmen

Michael Dienst

Fortschrittsspektren in lokalen Suchalgorithmen

GRIN Verlag

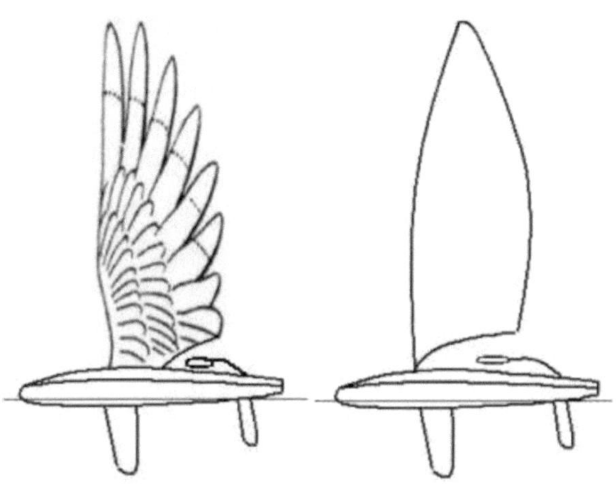

Bionik- Forschung an der Beuth-Hochschule für Technik, Berlin (BHT)

Die Bionik ist eine in die Zukunft weisende, interdisziplinäre Wissenschaft. Sie erfreut sich an unserer Hochschule bei Studierenden und Lehrenden einer außergewöhnlichen Beliebtheit. Die Bionik wird seitens der Industrie, der Wirtschaft und der bundesdeutschen Bildungs- und Forschungspolitik als eine der Schlüsselkompetenzen der folgenden Dekade angesehen. Den hohen Erwartungen an diese junge Wissenschaft trägt die Beuth Hochschule für Technik Berlin mit einer, im besonderem Masse auf Bionik-Forschung fokussierten Fachgruppe für Bionik, der **Bionic Research Unit**, Rechnung.

Die Bionik untersucht Phänomene der belebten und unbelebten Natur mit dem Ziel, universale Gestaltungsprinzipien auf Technik zu übertragen. Dies gilt in besonderem Maße für Optimierungsverfahren nach dem Vorbild der biologischen Phylogenese. Phylogenetische Algorithmen werden in der Optimierungspraxis zur Lösung komplexer, hochdimensionaler Probleme eingesetzt.
Die Bionic Research Unit der Beuth Hochschule für Technik Berlin untersucht und entwickelt im Rahmen rezenter hochschulinterner Forschungsvorhaben Phylogenetische Algorithmen für den Einsatz in komplexen Simulationsumgebungen, wie beispielsweise der Strukturanalyse mit der Methode der Finiten Elemente (FEM) oder der computerunterstützten Strömungssimulation (CFD).
Die Erforschung und Entwicklung von Optimierungsmethoden sollte zunächst neutral sein gegenüber einem möglichen Einsatzgebiet. Dennoch bleibt Berechnungszeit die kritische Größe bei der computergestützten Strukturanalyse und Strömungssimulation und gibt allen Strategieentwicklungen ein übergeordnetes Forschungsziel vor, das in der Reduzierung der Anzahl relevanter (Simulations-) Funktionsaufrufe liegt und welches Motiv ist für die Beschäftigung mit **adaptiven** phylogenetischen Algorithmen, von denen im vorliegenden Aufsatz die Rede ist.

Mi. Dienst, Berlin im Oktober 2009

Fortschrittsspektren in lokalen Suchalgorithmen
Progress Spectrum for the Local Search

Beuth Hochschule für Technik Berlin
University of Applied Sciences Berlin, Germany
FB VIII Maschinenbau, Umwelt- und Verfahrenstechnik
Dipl.-Ing. Michael Dienst

Abstract. Lokale Suchalgorithmen in Optimierungsstrategien sind robust, deklaratorisch genügsam und arbeiten schnell. Jedoch besitzen sie keine Erinnerung an ihre eigene Variablenvorgeschichte. Dies ist ein großer Nachteil gegenüber anderen konkurrierenden Optimierungsalgorithmen. Der Aufsatz beschreibt den Stand der Entwicklung eines lokalen Suchalgorithmus der dadurch Zugriff auf die eigene Variablenvergangenheit erhält, dass ein in den Spektralbereich transformiertes Forschrittsmuster adaptiert wird.

Der Kernmechanismus eines lokalen Suchalgorithmus ist die Ähnlichkeitsvariation von Objektvariablen der Qualitätsfunktion der gestellten Optimierungsaufgabe. Ähnlich ist der Datensatz der Objektvariablen dann, wenn er gering von jenem Erzeugendensystem abweicht, dem er entstammt. Lokal werden solche Suchalgorithmen für Optimierungsaufgaben genannt, wenn eine von einer komplexen Qualitätsfunktion aufgespannte Topologie in einem begrenztem Gebiet um den aktuellen Arbeitspunkt herum untersucht wird. Lokale Suchalgorithmen sind robust, benötigen geringen strukturellen, deklatorischen Aufwand und arbeiten schnell. Ihr Einsatzgebiet ist das vieldimensionale Qualitätsgelände.

Die Ähnlichkeitsvariation der Objektvariablen ist komplementär gegenüber ihrer eigenen Variablenvergangenheit. Als Kernmechanismus eines lokalen Suchalgorithmus ergänzt sie den rezenten Status des Vektors V der Objektvariablen zu einem vorangegangenen Zustand:

$$V(n+1) = V(n) + \Delta V(n) \qquad (1)$$

Betrachten wir den lokalen Suchvorgang als eine Entwicklung von Zustandseigenschaften im Zeitbereich, dann ist mit fortschreitenden diskreten (n) eine Ahnenfolge der Systemzustände, beschrieben durch den Vektor der Objektvariablen. Wir sehen, dass die Variation zeitlich dem „herkünftigen" Vektor zugeordnet und diesem gleich indiziert ist. Bei der Suche nach einem Minimum der Qualitätsfunktion in einer Optimierungsaufgabe existieren zuversichtlich und unglücklich tastende Variationen des rezenten Zustands. Es besteht Gestaltungsbedarf hinsichtlich der Entwicklung einfacher und robuster Strategien, die die Anzahl nichtzuversichtlicher Variationen minimieren aber nicht die Vorteile eines kompakten Codes aufgeben. Zu den leistungsfähigsten lokal arbeitenden Optimierungsstrategien gehören die Evolutionären Algorithmen: Genetischen Algorithmen und die Evolutionsstrategien. Bei der Evolutionsstrategie wird die Ähnlichkeitsvariation als Addition eines durch die rezente Variationsschrittweite d(n) gewichteten Zufallszahlenvektors bestimmt:

$$V(n+1) = V(n) + \delta(n)\, Z \tag{2}$$

Evolutionäre Algorithmen simulieren das biologische Wechselspiel von Variation und Selektion und wenden es auf mathematisch modellierte Optimierungsaufgaben an. Dabei werden in einem einfachsten Szenario m Kopien eines artifiziellen Startsystems erstellt (Mutation). Zufällige Modifizierungen führen auf eine Schar von m Variationen des Elter-Systems. In jeder Generation werden alle Variationen des aktuellen Elter (in bestimmten Strategien einschließlich dem Elter, siehe [Rec-94]) mittels einer Zielfunktion einer Bewertung unterzogen, die Qualität aller Systeme wird ermittelt (Selektion). MUTANTEN und ELTER, respektive ihre Qualitäten, bilden somit ein gemeinsames Selektionsensemble. Aus der Schar bewerteter Systeme wird ein neuer, aktueller Elter für die folgende Generation erwählt. Mit der Variation dieses Elter-Systems setzt sich die Kampagne fort. Auf diese Weise steigt die Qualität des Ensembles von Generation zu Generation, bzw. fällt nicht hinter die des aktuellen Elter zurück. Evolutionäre Algorithmen sind lokale Suchverfahren für komplexe, hochdimensionale Qualitätenräume. Aus biologistischer Sicht betrachtet untersuchen tradierte Evolutionsstrategien den Phänotyp eines Zielsystems und zielen somit auf das „äußere Evolutionsgeschehen".

Der Variation kommt bei evolutionären Algorithmen eine besondere Bedeutung zu. In unserem Szenario sollen gleichverteilt zufällige Variationen den Objektvariablen-Vektor des Nachkommen von dem des ELTER unterscheiden. Neben den Merkmalen des als ELTER der nächsten Generation bestellten Nachkommen wird ein Strategieparameter vererbt: die Variations-Schrittweite δ (siehe Form (2)). Sie ist in einfachen Optimierungsstrategien für alle Komponenten des Objektvariablen-Vektors gleich.

Ein einfachster evolutionärer Algorithmus besteht wenigstens aus den formalen Elementen:

ein	**Elter**	**... erzeugt ...**
m	**Variationen (Mutanten)**	**... über**
g	**Generationen**	**... sowie einer ...**
δ	**Variationsschrittweite**	**(Strategieparameter)**

Beuth Hochschule für Technik, Berlin
University of Applied Sciences Berlin, Germany
Bionic Research Unit, FB Maschinenbau, Umwelt- und Verfahrenstechnik

Mit dem Grad der Nachahmung der biologischen Evolution nimmt die Güte der Algorithmen zu. Effiziente Evolutionsstrategien und Genetische Algorithmen waren und sind aktuell Ziel intensiver Forschung und Entwicklung [Kos-03][Her-00][Her-05] [Rec-94][Sche-85][Schw-95][Die-09][Die-07][Die-06][Die-05]. Nachfolgend soll immer von (einfachsten) Evolutionsstrategien mit einem Elter und einer globalen (auf alle Varianten angewendeten) Variationsschrittweite die Rede sein.

Optimierungsfortschritt. Trotz oder gerade wegen ihrer von totaler Einfachheit getragenen Kompaktheit tritt bei Evolutionsstrategien und Genetischen Algorithmen nun folgendes Problem auf: Wie alle lokalen Strategien sind Evolutionsstrategien per se amnestisch; sie besitzen keine Erinnerung an ihre eigene (Variablen-) Vorgeschichte. Dies ist ein großer Nachteil gegenüber anderen konkurrierenden Optimierungsalgorithmen. In der Vergangenheit wurden deshalb zahlreiche Strategien entwickelt, die die Integration der Variablenvorgeschichte leisten. Richtungslernen (Schwefel) und Präteritum- Strategie (Rechenberg) führen auf korrelierte Mutationen und untersuchen hierzu die Variablenvergangenheit. Extrahiert werden den Optimierungsprozess steuernde Strategieparameter aus dem aktuellen Optimierungsfortschritt p, sofern $\Delta V(n)$ eine Erfolgreiche unter den rezenten Variationen ist.

$$p = F(\Delta V(n))$$

Die Integration Variablenvergangenheit in eine Evolutionsstrategie ist effizient. Ursache ist die Komplemetarität der Ähnlichkeitsvariation der Objektvariablen gegenüber deren Variablenvergangenheit. Jeder Generation in einer iterativen Optimierungskampagne ist der Optimierungsfortschritt (Progress (p)) inhärent. Er kann ohne zusätzlichen Speicherbedarf aus der Differenz der vorangegangenen und der rezenten Vektoren der Objektvariablen zweier erfolgreicher Optimierungsschritte gewonnen werden:

$$p(n) = Vb(n-1) - Ve(n) \tag{3}$$

In der Form (3) wird nach der Analyse und Qualitätsermittlung der rezente Progress p aus der Differenz des besten Nachkommen Vb und dem aktuellen Elter Ve ermittelt. Der Vektor Vb ging in der Generation (n-1) aus der Nominierung des besten Nachkommen zum Elter Ve der neuen Generation hervor.

Variablenvergangenheit. In der Entwicklung der lokalen Suchalgorithmen stellten Strategien, die den Progress während der Laufzeit der Optimierung analysieren und statistisch auswerten einen entscheidenden Fortschritt und gleichzeitig den gegenwärtigen Endpunkt der Entwicklung dar [Ost-97][Han-98]. Jedoch hat die gegebene Effizienz dieser Verfahren einen hohen Preis: der Deklarationsaufwand für beispielsweise wächst beim Richtungslernen (Schwefel) und der Präteritum-

Strategie (Rechenberg) linear, der „Covarianz-Matrix-Adaption, CMA" (Hansen) quadratisch und der „Erzeugendensystem-Adaption, ESA" (Ostermeier) kubisch mit der Dimension der Optimierungsaufgabe. Abhängig davon, wie weit Daten zum Generieren der adaptiven Steuerparameter einer CMA-Evolutionsstrategie in die Vergangenheit ragen sollen, vermehrt sich der Deklarations- und Datenaufwand linear in der Größenordnung der geleisteten Funktionsaufrufe.

Algorithmen mit generationsübergreifender Informationsausnutzung wie Richtungslernen Präteritumstrategie, CMA oder ESA unterscheiden sich von einander, weisen aber eine gemeinsame entwicklungsstrategische Intension auf, die auf die Variantenbildung zielt. In einer veralgemeinerten Darstellung (Form (4)) wird der Variation $\Delta V = \delta\, Z$ der faktorisierender Vektor b (mit der Dimension des Objektvariablenvektors) beigestellt.

$$V(n+1) = V(n) + b(n)\,(\delta(n)\,Z) \qquad\qquad (4)$$

Gegenüber der klassischen Evolutionsstrategie wird das Konzept der globalen Schrittweitenregelung zugunsten einer Individualisierung der mutativen Schrittweite aufgegeben mit dem Ziel, Anpassung der Zufallszahlenverteilung während der Variantenbildung in jeder Generation bei gleichzeitiger Koordinatensystemunabhängigkeit der Variation (Covarianz-Matrix-Adaption).

Konditionieren der Variation. In einem Szenario der Ähnlichkeitsvariantenbildung kommt dem faktorisierenden Vektor b die Aufgabe der Verzerrung Zufallszahlenverteilung in Richtung des (zu erwartenden) maximalen Fortschritts der jeweiligen Vektorkomponente zu; die Zufallszahlenverteilung wird dadurch konditioniert.

Vorüberlegungen zur Strategieentwicklung:

- Der gegenüber einer Variantenbildung neutrale Erwartungswert einer vektoriellen Zufallszahlenverteilung ist der Nullvektor $\underline{0}=[0,..,0]$,
- der gegenüber einer Variantenbildung neutrale (faktorisierenden) Vektor ist der Einheitsvektor $\underline{e}=[1,..,1]$.
- Die vektorielle Fortschrittsverteilung $\underline{p}$ und die Objektvariablen zweier aufeinander folgender Entwicklungsschritte in einer Optimierungskampagne (Gleichung (3)) sind komplementär.

Der faktorisierende Vektor b wird nachfolgend die „Kondition der Variation des Objektvariablenvektors" genannt, seine Aufgabe ist die Nutzung generationsübergreifender Information. Die Kondition sei eine Funktion des rezenten Progress p. Die Kondition wird formuliert als eine (selektive) Variation der vektoriellen Fortschrittsverteilung $\underline{p}$ um den Einheitsvektor $\underline{e}$.

$$\underline{b}(n) = \underline{e} + \underline{p}(\,\underline{\Delta V}(n)\,) \qquad\qquad (5)$$

Der rezente Entwicklungsfortschritt (Progress p) wird in jeder Generation aus der vektoriellen Differenz der Objektvariablen des besten Nachkommen Vb und dem aktuellen Elter Ve, also $\underline{\Delta V}$=Vb-Ve ermittelt. Der rezente Entwicklungsfortschritt ist die Basis für ein sich über die Generationen hinweg konsolidieredes strategisches Elementes, welches auf für die Adaption einer Fortschrittsrichtung, der Verfestigung einer pretäritalen Spur des Fortschritts, taugt.

Von Beginn bis zum Ende einer Optimierungskampagne sind die Objektvariablen-vektoren und damit auch der vektorielle Fortschritt (Progress) hinsichtlich ihrer Indizierung konsistent: die Reihenfolge der Vektorelemente bleibt konstant. Qualitativ entspricht p also einem klassischen Ortsignal. Diese Eigenschaft soll im Folgenden ausgenutzt werden.

Die spektrale Darstellung des Entwicklungsfortschritts. Eine Übertragung in den Spektralbereich ist mit orthogonalen Transformationen möglich. Mit derartigen Transformationen wird ein Signal vom Ortsbereich (Objektbereich) in den Spektralbereich (Transformationsbereich) übertragen. Die Gleichwertigkeit der allgemeinen Signalbeschreibung in einem Originalbereich und einem Spektralbereich lässt sich aus der rezibroken Natur orthogonaler Transformation ableiten [Mef-04]. Das ursprüngliche Signal lässt sich also durch die inverse Transformation iFT wiedergewinnen, demzufolge muß auch die spektrale Darstellung dieselbe Information wie das Ortsabhängige Signal enthalten.

Jean Baptist Fourier behauptete im Jahre 1807, dass sich jedes periodische Signal in harmonische Bestandteile zerlegen lässt, deren Komponenten sich in Amplitude, Phase und Frequenz unterscheiden, wobei die Frequenz der Komponenten immer ein vielfaches der Grundfrequenz ist. Fourier konnte zeigen, dass eine beliebige Kurve (eindimensionales Signal) darstellbar ist als eine Superposition mehrerer Sinus- bzw. Cosinus- Kurven. Die Variablen in den Argumenten der Sinus und Cosinus- Funktionen sind die Koeffizienten der Fouriertransformation (FT). Die Methode der inversen Fouriertransformation (iFT), mit der sich jedes Spektrum in den Bildbereich (eines funktionalen Musters zurück-) transformieren lässt, besitzt eine hohe Gestaltungs- und Erzeugendenqualität.

Wir wenden nun die Fouriertransformation auf den (in jeder Generation (n) auftauchenden) Progress $\underline{p}$ an und erhalten das Frequenzspektrum S(p) des Fortschritts der Entwicklung der Objektvariablen der Optimierungsaufgabe.

$$\begin{array}{lll} \text{Fouriertransformation} & S(n) = FT(\ p(\Delta V(n)\ )\ )\ \text{und} & (6)\\ \text{inverse Transformation} & p(k)\ = iFT(\ S(k)\ ) & \end{array}$$

Das Spektrum des Fortschritts der Objektvariablenentwicklung ist formal ein Erzeigendensystem zur (Re-) Konstruktion eines Funktionszusammenhangs der pretäritalen vektoriellen Fortschrittsverteilung über die Objektvariablen. Dieses Merkmal ist entscheidend für die Ausentwicklung von Adaptionseigenschaften der Strategie.

Solidierung und Filterung. Auf der Ebene der spektralen Darstellung des Fortschritts existieren nun Optionen der Bewertung und Gewichtung des Erzeugendensystems (spektrale Filterung) und der Speicherung und Verfestigung einer pretäritalen Spur des Fortschritts der Objektvariablenentwicklung (Solidierung).

$$\text{Solidierung} \qquad S(k) = (\alpha\, S(k) + \beta\, S(k-1)) / (\alpha+\beta) \qquad\qquad (7)$$

In der anvisierten hier zu entwickelnden Strategie erfolgt die Solidierung des spektralen (pretäritalen vektoriellen) Fortschritts über eine skalar gewichtete, Iterative Superposition rezenter (k=n) und bereits konsolidierter (k<n) Fortschrittsspektren (Form (7)).

Von optimierungsprozessstrategischer Bedeutung ist nun die Manipulation rezenter bzw. solidierter Fortschrittsspektren. Gegenüber einer Optimierungsstrategie mit globaler mutativer Schrittweitensteuerung stellt eine Strategie, die adaptiv in die Verteilung der Zufallszahlen eingreift, in einem gewissen Maße eine Individualisierung der Schrittweite dar. Wie hoch der Grad der Individualisierung und gleichzeitig der Robustheit gegenüber temporärer Störungen ist, kann über Filterung gesteuert werden.

In seiner solidierten Form liegt das (Fortschritts-) Signal in seiner spektralen Gestalt vor. Die Transformation von ortsabhängigen diskreten Signalen in einen Spektralbereich kann auch als Koordinatentransformation interpretiert werden. Der Übergang von der Original– zur Spektraldarstellung verfolgt bei der Optimierungsstrategieentwicklung das Ziel, das solidierte Fortschritts-spektrum zu manipulieren, bestimmte Spektralanteile zu dämpfen, andere hervorzuheben, das Signal von kurzfristigen Störungen zu befreien und zu glätten. Die Rekonstruktion des Eingangssignals durch inverse Transformation führt zu einem robusten Speicherelement (in der Dimension des Objektvariablenvektors, oder kleiner) , das die Information pretäritalen vektoriellen Fortschritts enthält.

In ersten Simulationsexperimenten konnte gezeigt werden, dass das Unterdrücken hochfrequenter Anteile des solidierten spektralen Fortschritts zu einer größeren Konvergenz der Optimierungsziele führt. Den Erwartungen gemäß liegt die Konvergenzgeschwindigkeit einer Strategie mit Adaptation solidierter Fortschritts-spektren (FSA) höher als bei der Evolutionsstrategie mit globaler mutativer Schrittweitenregelung. Die Überlegenheit des Algorithmus gegenüber der Evolutionsstrategie mit individueller mutativer Schrittweitenregelung ist allerdings bemerkenswert. Die nun anstehende Forschung wird die eingehende Untersuchung der Optimierungsstrategie sein. Ihr Name sei Fortschritt-Spektren-Adaptation (FSA).

Bibliographie

[Die -09]   Dienst, M. (2009) Artifizielle Evolution Heute. Optimieren nach dem Vorbild der Natur. GRIN-Verlag GmbH München. ISBN: 978-3-640-39858-4. ISBN (E-Book): 978-3-640-39834-8

[Die- 07]   Dienst, M., (2007) Genesetransformation. Adaption der Transformations-charakteristiken. In Forschungsberichte 2007 der TFH Berlin, S. 166-171. Publikationen der Technischen Fachhochschule Berlin. ISBN 978-3-938576-07-3

[Die-06]   Dienst, M., (2006) Eine Optimierungsumgebung für Genesetransformationen. In Forschungsberichte 2006 der TFH Berlin, S. 115-117. Publikationen der Technischen Fachhochschule Berlin. ISBN 3-938576-07-3

[Die-05]   Dienst, M., (2005) Genesetransformation. Ein Algorithmus zur Synthese von Signalen nach dem Vorbild der biologischen Musterbildung. In Forschungsberichte 2005 der TFH Berlin, S. 190–193. Publikationen der Technischen Fachhochschule Berlin. ISBN 3-938576-04-9

[Han-98]   Hansen, N. (1998) Verallgemeinerte individuelle Schrittweitenregelung in der Evolutionsstrategie. Dissertation, Technische Universität Berlin 1998.

[Her -00]   Herdy, Michael, (2000) Beiträge zur Theorie und Anwendung der Evolutionsstrategie. Mensch und Buch Verlag, Berlin.

[Her -05]   Herdy, Michael, (2005) Anwendung der Evolutionsstrategie in der Industrie. In Evolution zwischen Chaos und Ordnung. S. 123 – 138. Freie Akademie Verlag, Bernau.

[Kos -03]   Kost, Bernd, (2003) Optimierung mit Evolutionsstrategien. Harri Deutsch Verlag, Frankfurt a. M.

[Mef -04]   Meffert, B., Hochmut, O. (2004) Werkzeuge der Signalverarbeitung. Pearson-Studium, München.

[Ost-97]   Ostermeier, A. (1997) Schrittweitenadaptation in der Evolutionsstrategie mit einem entstochastisierten Ansatz. Diss. Technische Universität Berlin 1997.

[Rec -94]   Rechenberg, Ingo, (1994) Evolutionsstrategie. Frommann Holzboog Verlag Stuttgart- Bad Cannstatt.

[Sche -85]   Scheel, Armin (1985) Beitrag zur Theorie der Evolutionsstrategie. Dissertation, TU Berlin.

[Schw -95]   Schwefel, H. – P. (1995) Evolution and Optimum Seeking. John Wiley & Sons. New York.

Kontakt:

Dipl.-Ing. Michael Dienst
Beuth Hochschule für Technik Berlin,
BIONIC RESEARCH UNIT / FB VIII, Maschinenbau
Luxemburger Str. 10,
D - 13353 Berlin-Wedding